Bibliografische Information der Deutschen Nationalbibliothek:

Die Deutsche Bibliothek verzeichnet diese Publikation in der Deutschen National-
bibliografie; detaillierte bibliografische Daten sind im Internet über http://dnb.d-
nb.de/ abrufbar.

Impressum:

Copyright © 2006 GRIN Verlag, Open Publishing GmbH
Druck und Bindung: Books on Demand GmbH, Norderstedt Germany
ISBN: 9783640644841

Dieses Buch bei GRIN:

http://www.grin.com/de/e-book/152512/permafrostdegradation-in-den-alpen

Ron Klug

Permafrostdegradation in den Alpen

Naturgefahren und geomorphologische Prozesse im Hochgebirge

GRIN Verlag

Martin-Luther-Universität Halle-Wittenberg
Fachbereich Geowissenschaften
Institut für Geographie

Permafrostdegradation in den Alpen

Oberseminar Physische Geographie

„Naturgefahren und geomorphologische
Prozesse im Hochgebirge"

vorgelegt von: Ron Klug
LAG Geo/Deu
9. Fachsemester

vorgelegt am: 24.01.2006

Inhaltsverzeichnis

Abbildungsverzeichnis

Tabellenverzeichnis

1   Einleitung

Permafrost bedingt in den Alpen bereits ab Höhen über 2.000 m eine wesentliche Stabilisierungsfunktion. Sowohl aus Lockermaterial bestehende Berghänge als auch geklüftete Felswände werden durch Permafrost zusammengehalten.

Der globale Klimawandel führt jedoch auch im Alpenraum zu veränderten klimatischen Bedingungen mit der Folge, dass sich die Untergrenze der Permafrostverbreitung bis heute bereits um mehrere 100 m erhöht hat. Der Anstieg der Permafrostgrenze führt zu einer eigenen Dynamik geomorphologischer Formen und Prozesse in der alpinen Eiswelt.

Spätestens seit dem Sommer von 1987 rückte die Problematik des schwindenden Permafrostes verstärkt in das Bewusstsein der Öffentlichkeit und in den Blickpunkt der Forschung. Damals kam es z.B. in den Schweizer Alpen nach heftigen Regenfällen und vergleichsweise hohen Temperaturen zu einer deutlich erhöhten Murgangaktivität mit beträchtlichen Folgen für Mensch und Infrastruktur. Permafrostdegradation gilt als eine der Ursachen dieser Ereignisse (vgl. ZIMMERMANN u. HAEBERLI 1992, S. 61 ff.).

Die Stabilität der gefrorenen Berge in den Alpen scheint immer mehr aus dem Gleichgewicht zu geraten und birgt somit ein erhöhtes Gefahren- und Risikopotential in sich. Die Wahrscheinlichkeit des Auftretens von Massenbewegungen steigt und damit auch die Gefährdung von Menschen und infrastrukturellen Einrichtungen.

Die Forschung zur Permafrostdegradation ist allerdings eine noch sehr junge Disziplin. Zwar beschäftigten sich russische und amerikanische Forscher schon seit Mitte des 19. Jahrhunderts mit Permafrost, doch eine wissenschaftliche Auseinandersetzung mit den Ursachen, Prozessen und Folgen der Permafrostdegradation erfolgt erst seit den 1970er Jahren (vgl. FRENCH 1996, S. 51 f.). Seitdem gab es zahlreiche wissenschaftliche Untersuchungen, um die Verbreitung von Permafrost, insbesondere in Form von Blockgletschern, zu verstehen und mögliche Auswirkungen der Klimaerwärmung abschätzbar zu machen. Wegweisende Publikationen stammen von HAEBERLI (1999a; 1999b), HAEBERLI u. HOELZLE (1996), HAEBERLI, WEGMANN u. VONDER MÜHLL (1997) und KNEISEL (2003a; 2005). Beachtenswerte aktuelle Dissertationen zum Thema „Permafrostdegradation" finden sich bei ARENSON (2003), GRUBER (2005) und NYENHUIS (2005). Eine viel versprechende, noch nicht abgeschlossene Arbeit zur Messung der Degradation wird zurzeit von KRAUTBLATTER durchgeführt. Weitere wichtige Informationen werden im Internet von der International Permafrost Association (IPA) und dem Permafrostmonitoring der Schweiz (PERMOS) bereitgestellt.

2   Betrachtungsraum

In der vorliegenden Arbeit soll die Permafrostdegradation am Beispiel der Alpen betrachtet werden. Die Alpen bilden einen ca. 1.200 km langen Faltengebirgsbogen und gliedern sich in West-, Ost-, Nord- und Südalpen (siehe Abbildung 1). Die inneralpine Grenze zwischen Ost- und Westalpen bildet die Linie Bodensee – Comer See. Im Vergleich zu den Ostalpen weisen die Westalpen größere durchschnittliche Höhen auf (vgl. DONGUS 2003, S. 2 ff.).

Da die Schweiz und Österreich den größten Flächenanteil der Alpen einnehmen, beziehen sich die Ausführungen zur Permafrostdegradation überwiegend auf die Schweizer und Österreichischen Alpen. Ausschlaggebend für eine eingehendere Betrachtung der Schweizer Alpen ist auch, dass dort die Forschungsaktivitäten am höchsten sind, so zum Beispiel in der Julier-Bernina Region des Oberengadins. Dies liegt im Wesentlichen daran, dass die Schweiz bei der Permafrostdegradation aufgrund ihrer naturräumlichen Gegebenheiten einem höheren Betroffenheitsgrad ausgesetzt ist. Um einer umfassenden Betrachtung der Permafrostdegradation in den Alpen trotzdem gerecht zu werden, erfolgt auch eine Berücksichtigung von einzelnen ausgewählten Beispielen aus den Deutschen, Französischen und Italienischen Alpen.

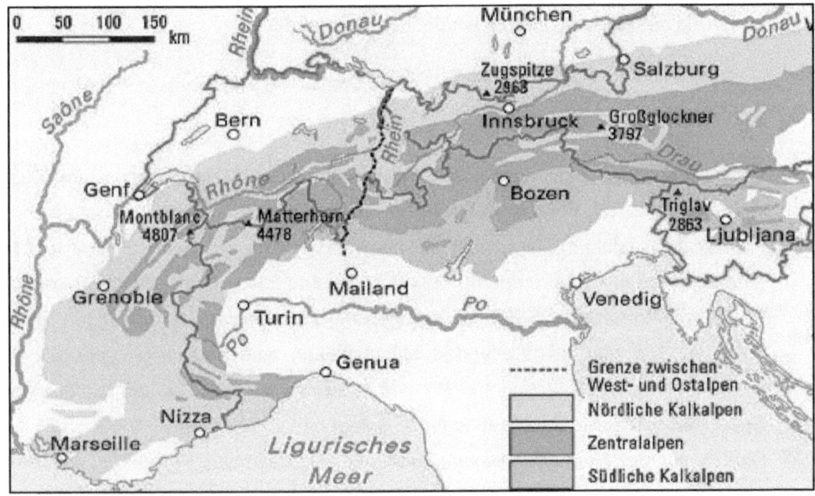

Abb.1: Gliederung der Alpen

Quelle: www.klett-verlag.de

3   Permafrost – Grundlagen

3.1   Begriffsbestimmung

3.1.1 Permafrost

Permafrost ist Bestandteil der Kryosphäre und kommt in den Alpen zu großen Teilen im periglazialen Raum vor (vgl. AHNERT 2003, S. 142 ff.). Das Wort leitet sich vom Ausdruck „permanenter Frost" ab und bezeichnet dauerhaft gefrorenen Boden.

Von Permafrost spricht man, wenn die Bodentemperatur mindestens in zwei aufeinander folgenden Jahren unter 0 °C liegt (vgl. FRENCH 1996, S. 52 u. LESER 2001, S. 613). Die Definition erfolgt jedoch ausschließlich über die Temperatur. Das heißt, der Untergrund muss nicht immer zwangsweise gefroren sein. Durch verschiedene Einflüsse wird der Gefrierpunkt des Wassers erniedrigt, so dass Permafrost bei Temperaturen von weniger als 0 °C neben gefrorenen auch ungefrorene Bestandteile enthalten kann (vgl. FRENCH 1996, S. 52).

3.1.2 Degradation

Degradation ist die generelle Umwandlung des Bodenaufbaus und der Bodeneigenschaften durch eine Klimaänderung (vgl. LESER 2001, S. 133). Die Degradation des Permafrostbodens bezeichnet demzufolge eine klimatisch verursachte Veränderung des Bodens durch austauenden Permafrost.

3.2   Differenzierungen

Permafrost lässt sich nach dem Vorkommen, der Genese und dem Eisgehalt differenzieren. Das Vorkommen von Permafrost kann polar, alpin oder submarin sein. Polarer (high latitude) Permafrost tritt überwiegend erst ab 60° n. Br. auf und besitzt Mächtigkeiten von mehreren 100 m (vgl. NYENHUIS 2005, S. 8). Alpinen (high altitude) Permafrost findet man in den Höhenlagen der Hochgebirge, in den Alpen bereits ab 2.000 m. Die hier anzutreffenden Mächtigkeiten sind wesentlich geringer als bei polarem Permafrost. Submariner Permafrost kommt dort vor, wo die mittlere jährliche Seebodentemperatur dauerhaft unter 0 °C liegt (vgl. FRENCH 1996, S. 62 u. 64).

Die Genese des Permafrostes kann reliktisch sein, das heißt, Permafrost wurde bereits unter Vorzeitbedingungen gebildet. Eine rezente Bildung findet dann statt, wenn die notwendigen Bedingungen hierfür gegeben sind. Der Permafrost der Alpen ist zum größten Teil reliktischer Entstehung. Weiterhin lässt sich trockener, wenig Eis enthaltender Permafrost von eisreichem unterscheiden (vgl. Lexikon der Geowissenschaften Bd. 4, 2001, S. 110).

3.3 Aufbau

Der allgemeine Aufbau eines Permafrostbodens wird in Abbildung 2 dargestellt. Die oberste Schicht besteht aus dem Auftauboden (active layer), welcher an der Oberfläche sichtbar ist und saisonal je nach Temperaturbedingungen mehrere Zentimeter bis mehrere Meter auftaut. Der Permafrostkörper selbst wird nach oben durch die Permafrosttafel (Permafrost table) und nach unten von der Permafrostbasis begrenzt.
Im Permafrost können ungefrorene Einschlüsse auftreten (Talik). Unter dem Permafrostkörper befindet sich das ungefrorene Felsgestein.
Abbildung 3 zeigt den Aufbau eines alpinen Permafrostbodens in Lockermaterial am Beispiel des Blockgletschers Muragl. Auch hier besteht die oberste Schicht aus der Auftauschicht, die auf der Permafrosttafel aufliegt. Darunter befindet sich der eisreiche Permafrostkörper, der aus gefrorenem Material unterschiedlicher Korngröße besteht. Dann folgen ungefrorene Sedimentschichten und abschließend das anstehende Felsgestein.

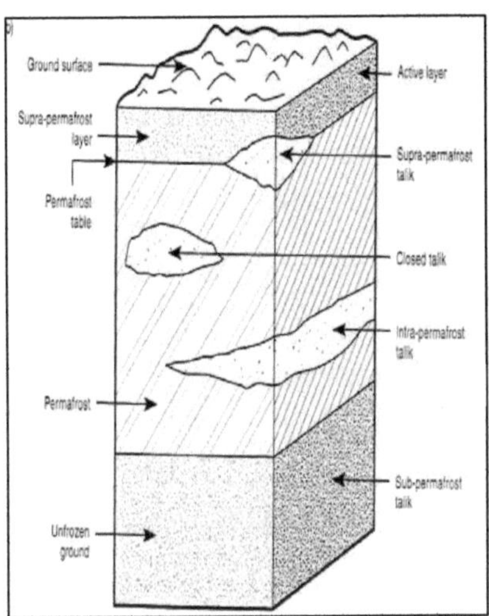

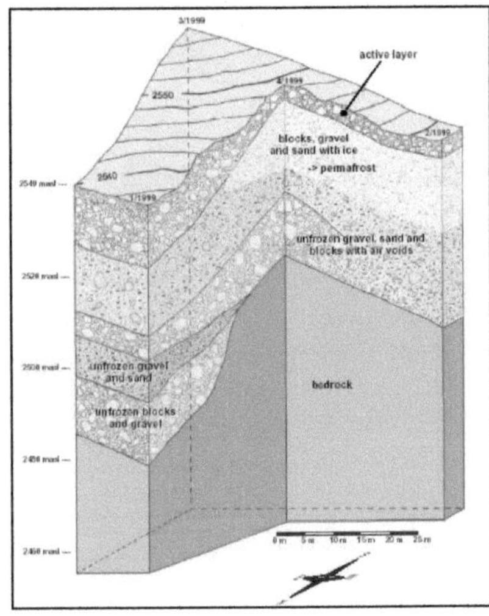

Abb.2: Aufbau eines Permafrostbodens
Quelle: FRENCH 1996, S. 53

Abb.3: Permafrost in Lockermaterial - Muragl
Quelle: ARENSON 2003, S. 85

3.4 Verteilungsmuster

Alpiner Permafrost weist verschiedene räumliche Verteilungsmuster auf. Die Dreigliedrigkeit dieser Verteilung ist in Abbildung 4 dargestellt.

Bis zu einer mittleren jährlichen Lufttemperatur (MAAT) von -2 °C tritt Permafrost nur sporadisch auf. Seine Existenz in dieser Zone ist nur punktuell an wenigen begünstigten Stellen möglich. Der Flächenanteil, der dabei eingenommen wird, liegt unter 30 % (vgl. NYENHUIS 2005, S. 9). Das sporadische Auftreten von Permafrost in den Alpen ist stellenweise schon ab der Baumgrenze[1] möglich und reicht in Abhängigkeit der Hangexposition in Höhen bis über 2.000 m (KNEISEL et al. 2000, S. 295 ff.).

Ab einer Durchschnittstemperatur von -2 °C kommt Permafrost diskontinuierlich vor. Hier liegt der Flächenanteil zwischen 30 – 80 %. Die Verbreitung von Permafrost in der diskontinuierlichen Zone erfolgt bereits in größeren, teilweise zusammenhängenden, Flecken (vgl. ebd., S. 9). Dies ist in den Alpen überwiegend zwischen 2.000 und 3.000 m der Fall.

Unterhalb einer mittleren jährlichen Lufttemperatur von -8 °C tritt Permafrost kontinuierlich auf. In dieser Zone liegt der Flächenanteil über 80 % (vgl. ebd., S. 9). Diese flächenhafte Verbreitung findet sich in den Alpen ab einer Höhe von 3.000 m.

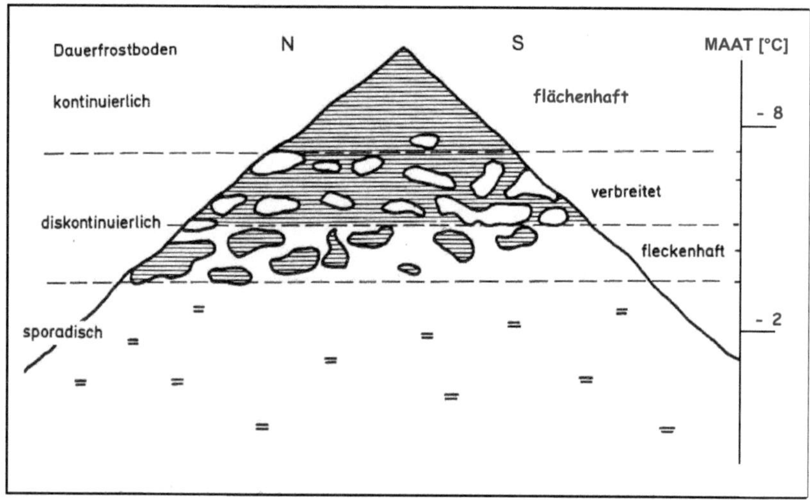

Abb.4: Verteilungsmuster von Permafrost
Quelle: KING 1984, S. 131 [veränd.]

---

[1] Eine Untersuchung zu Permafrostvorkommen unterhalb der Baumgrenze leisten KNEISEL et al. 2000, S. 295 ff.

3.5 Verbreitungsfaktoren

Die Verbreitung alpinen Permafrostes hängt von verschiedenen Faktoren ab. In Abbildung 5 sind die wesentlichen Faktoren dargestellt.

Einer der wichtigsten Faktoren ist die mittlere Jahrestemperatur der Luft, wie oben schon ausgeführt wurde. Von großer Bedeutung ist auch die Hangexposition, denn die Verbreitung von Permafrost beginnt an nordexponierten Hängen in der Regel in geringeren Höhen, als dies an südexponierten Hängen aufgrund längerer Sonneneinstrahlungsdauer der Fall ist (vgl. HAEBERLI u. HOELZLE 1996, S. 37).

Ein weiterer Faktor, der die Verbreitung von Permafrost wesentlich beeinflusst, ist der Niederschlag. Hierbei kommt es auf Niederschlagsdauer bzw. -höhe und -zeitpunkt an. Eine geschlossene Schneedecke erhöht zunächst den Albedowert der Erdoberfläche. Die Erwärmung durch Solarstrahlung wird dadurch verringert und die Existenz von Permafrost begünstigt. Große winterliche Schneehöhen führen jedoch zu einem Isolationseffekt, der die Bodenabkühlung und damit die Verbreitung von Permafrost vermindert. Andererseits verzögert ein langes Liegenbleiben der Schneedecke im Frühjahr die Erwärmung des Bodens, was sich auf die Verbreitung von Permafrost positiv auswirkt (vgl. HAEBERLI u. HOELZLE 1996, S. 36 ff.; NYENHUIS 2005, S. 17 f.).

Einfluss auf die Permafrostverbreitung hat auch die Korngröße des Substrates, das die Erdoberfläche bedeckt. Grobblockiges Material wirkt aufgrund besserer Auskühlungseffekte Permafrost begünstigend (vgl. HAEBERLI u. HOELZLE 1996, S. 17). Dies wird besonders bei näherer Betrachtung von Blockgletschern deutlich (siehe Kapitel 4.4.2).

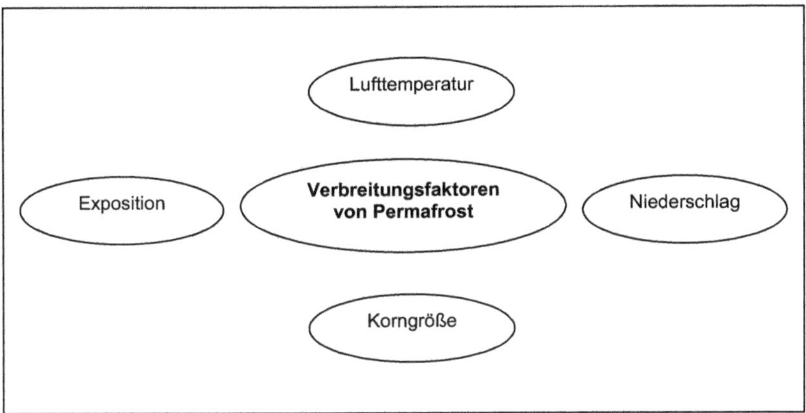

Abb.5: Verbreitungsfaktoren von Permafrost
Quelle: NYENHUIS 2005, S. 13 ff.; HAEBERLI u. HOELZLE 1996, S. 13 ff.; [eigene Darstellung]

4 Vorkommen von Permafrost

4.1 Global

Abbildung 6 stellt die Verbreitung von Permafrost auf der Nordhalbkugel dar. Ausgedehnte Flächen polaren Permafrostes finden sich auf Grönland, in Canada, Alaska, Sibirien, China und der Antarktis.

Alpiner Permafrost ist zum Beispiel verbreitet in den asiatischen Hochgebirgen, Skandinavien und den Alpen. Die flächenmäßige Ausdehnung des Permafrostes in den Alpen scheint im Vergleich verschwindet gering.

Submariner Permafrost findet sich auf dem sibirischen Kontinentalschelf und der Beaufortsee (NYENHUIS 2005, S. 8). Die Gesamtausdehnung von Permafrost beträgt global ca. 24 % der Landfläche (vgl. FRENCH 1996, S. 56). Mit diesem hohen Flächenanteil kann Permafrost als verbreitetes Phänomen bezeichnet werden.

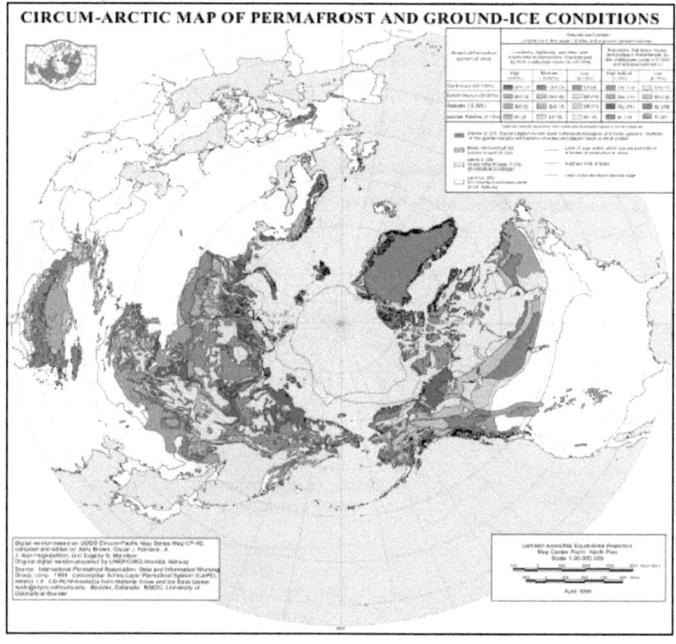

Abb.6: Vorkommen von Permafrost auf der Nordhalbkugel
Quelle: www.nsidc.org

4.2   Schweiz

Gletscher, Permafrost und Schnee sind die wichtigsten Elemente der alpinen
Kryosphäre. Hochgebirgspermafrost kommt in den Alpen in der Regel im periglazialen
Raum, also in Gletschernähe, vor (vgl. MAISCH et al. 2000, S. 321 f.).
Abbildung 7 zeigt die Verbreitung von Gletschern und Permafrost in den Schweizer
Alpen. Die größten Vorkommen von Permafrost gibt es in den Walliser Alpen, den
Berner Alpen und den Bündner Alpen.

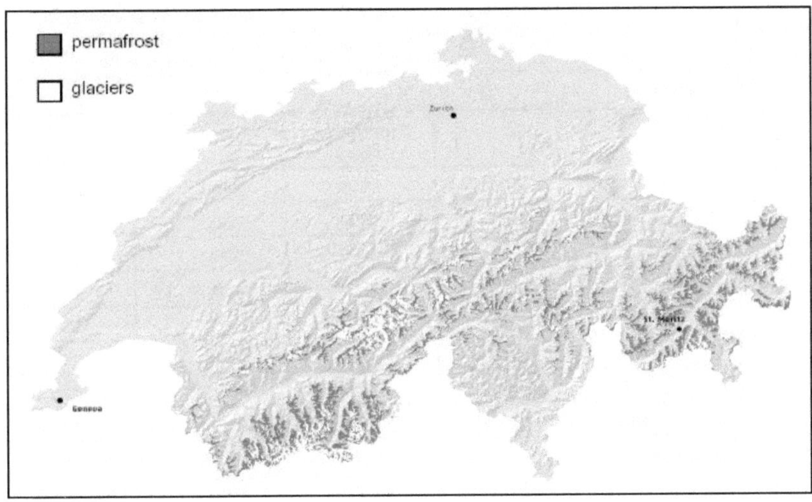

Abb.7: Gletscher- und Permafrostverbreitung in den Schweizer Alpen
Quelle: ARENSON 2003, S. 10

Insgesamt bedeckt Permafrost ca. 5 % der Landesfläche der Schweiz. Die Verbreitung
ist damit doppelt so hoch wie die von Gletschern bedeckte Fläche (vgl. VDF 1998).

4.3   Oberengadin

Gletscher sind im Gelände leicht erkennbar und lassen sich dementsprechend gut
kartieren. Die Erfassung der Permafrostverbreitung ist ungleich schwerer. Permafrost
kommt überwiegend im Untergrund vor und ist meist vom Auftauboden überdeckt, so
dass eine exakte Aussage über die tatsächliche Verbreitung nicht leicht zu treffen ist.

Zur Abschätzung der lokalen Permafrostverbreitung in den Alpen wurden deshalb von HAEBERLI Mitte der 1970er Jahre konkrete Faustregeln[2] formuliert. Aus diesen wurde ein Schlüssel entwickelt, mit dem die Verbreitung von Permafrost „grob abgeschätzt" werden konnte (siehe Tabelle 1). Dieser Schlüssel unterscheidet zwischen den beiden Kategorien „Permafrost möglich" und „Permafrost wahrscheinlich" in Abhängigkeit der Exposition von Steilhängen und Hangfußlagen. Bei Verflachungen wurden die Kriterien „windexponiert" und „windgeschützt" berücksichtigt (HAEBERLI u. HOELZLE 1996, S. 16).

		Permafrost möglich oberhalb [m ü.M.]		**Permafrost wahrscheinlich** oberhalb [m ü.M.]	
Steilhänge					
			(Hangfuss-lagen)		(Hangfuss-lagen)
Exp.	N	2400	2100	2600	2550
	NE	2450	2300	2600	2700
	E	2600	2400	3000?	2700
	SE	2850	2300	3000?	2700
	S	3000	2250	?	2600
	SW	2700	2150	2900	2550
	W	2500	2100	2600	2450
	NW	2350	2050	2400	2400
Verflachungen					
windexponiert		2600		2700	
windgeschützt		2650		3000?	

Tab.1: Schlüssel zur Permafrostverbreitung in den Alpen
Quelle: HAEBERLI u. HOELZLE 1996, S. 16

Aus dem Schlüssel zur potentiellen Permafrostverbreitung geht hervor, dass das Auftreten von Permafrost beispielsweise an Steilhängen mit nördlicher Exposition ab 2.400 m möglich und ab 2.600 m wahrscheinlich ist.
Dieses Schätzverfahren wurde in der Folgezeit mithilfe Geographischer Informations-systeme automatisiert. KELLER entwickelte 1992 das Programm PERMAKART, das die Verbreitung von Permafrost in den Bündner Alpen in einem digitalen Höhenmodell

---

[2] Eine systematische Auflistung der Faustregeln zur Abschätzung der potenziellen Permafrost-verbreitung in den Alpen findet sich in HAEBERLI u. HOELZLE 1996, S. 16 f.

räumlich simuliert. Ein weiteres Programm ist PERMAMAP[3], es berücksichtigt die statistischen Beziehungen zwischen Lufttemperatur, BTS-Messungen[4] und Sonnenein-strahlung (vgl. HAEBERLI u. HOELZLE 1996, S. 15; HAEBERLI 1999a, S. 51 ff.).

Die oben genannten Verfahren bilden die grundlegende Vorarbeit zur Erstellung von Karten über die lokale Permafrostverbreitung in den Alpen. Für die Region Julier-Bernina im Oberengadin in den Engadiner Alpen wurde eine glaziologische Karte erstellt, welche die räumliche Verbreitung von Permafrost darstellt (siehe Abbildung 8). In dieser Karte sind die Gletscher blau hervorgehoben. Die Verbreitung von Permafrost

Abb.8: Glaziologische Karte der Region Julier-Bernina, Oberengadin
Quelle: VDF 1998

---

[3] Eine tiefer gehende Betrachtung der Funktionsweise der Programme PERMAKART und PERMAMAP kann an dieser Stelle nicht erfolgen. Eine detaillierte Darstellung findet sich bei HAEBERLI 1999a, S. 51 ff.
[4] BTS = Basistemperatur der Schneedecke.

ist violett eingefärbt. Deutlich wird, dass Permafrost zwar vermehrt in direkter Gletschernähe vorkommt, aber nicht zwangsläufig daran gebunden ist. Die Auftretenswahrscheinlichkeit von Permafrost beginnt in Höhen ab 2.400 m und reicht bis in die Gipfellagen.

4.4   Anzeiger

Permafrost lässt sich im Gelände, wie oben beschrieben, verhältnismäßig schwer erkennen. Es gibt jedoch bestimmte Anzeigerphänomene, die auf der Erdoberfläche aufliegen und dem Betrachter Aufschluss darüber geben, wo die Auftretenswahrscheinlichkeit von Permafrost besonders hoch ist.

4.4.1 Schneeflecken

Perennierende Schneeflecken (siehe Abbildung 9) tauen auch im Sommer bei wärmeren Temperaturen nicht ab, sie bleiben also ganz- bzw. mehrjährig erhalten (vgl. HAEBERLI u. HOELZLE 1996, S. 17).

Man kann nun von der Existenz ganzjähriger Schneeflecken auf die Verbreitung von Permafrost im Untergrund schließen. Sind in Bodennähe die Temperaturbedingungen so gestaltet, dass sie das Überdauern einer lokalen Schneebedeckung gewährleisten, dann sind vermutlich auch die Bedingungen für Permafrost im Boden gegeben.

Abb.9: Perennierender Schneefleck bei Samnaun, Unterengadin
Quelle: www.ethz.ch

Allerdings sind ganzjährige Schneeflecken ein eher schwacher Indikator für Permafrostvorkommen. Ebenso kann eine begünstigende Schattenlage Ursache für das Vorhandensein des Schneeflecks sein, ohne dass im Untergrund annähernd die Bedingungen für Permafrost gegeben sein müssen (vgl. NYENHUIS 2005, S. 66).

4.4.2 Blockgletscher

Blockgletscher sind ein aussagekräftiges Anzeigephänomen für die Verbreitung von Permafrost. Sie kommen im periglazialen Raum vor und bestehen aus grobblockigem Material. Dieses ist mit Poreneis durchsetzt oder enthält einen Eiskern. Durch die Fließeigenschaft des Eises und die Hangneigung kriechen[5] Blockgletscher mehrere Dezimeter bis Meter pro Jahr hangabwärts. Sie sind mehrere Dekameter mächtig und mehrere hundert Meter lang (siehe Abbildung 10), (vgl. VDF 1998).

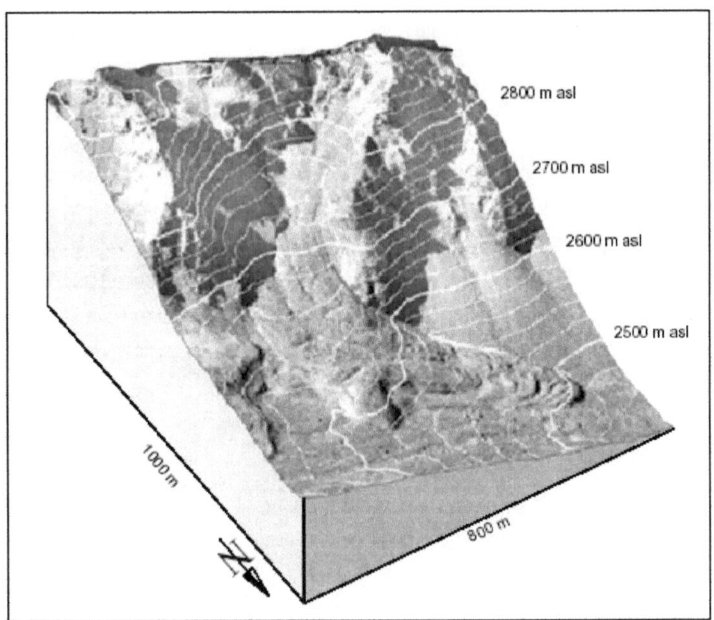

Abb.10: Blockgletscher Muragl, Oberengadin

Quelle: ARENSON 2003, S. 74

---

[5] Eine Analyse des Bewegungsmechanismus von Blockgletschern liefern KÄÄB u. REICHMUTH 2005, S. 187 ff.

Für die Entstehung von Blockgletschern gibt es verschiedene Erklärungsansätze. Die Genese kann zum einen glazialer (glacier derived) oder periglazialer (talus derived) Art sein (vgl. ARENSON 2003, S. 19; NYENHUIS 2005, S. 32 ff.).

Da Permafrost eine wesentliche Voraussetzung für die Entstehung von Blockgletschern ist, lässt deren Existenz auch Rückschlüsse auf die Verbreitung von Permafrost zu. Blockgletscher kommen weiterhin in verschiedenen Aktivitätszuständen vor, wodurch sich die aktuelle und historische Ausdehnung der Permafrostuntergrenze feststellen lässt.

Der in Abbildung 10 dargestellte Blockgletscher Muragl wird als aktiv klassifiziert. Aktive Blockgletscher enthalten viel Poreneis, kriechen hangabwärts und besitzen eine stark übersteilte Stirnseite. Die Verbreitung von aktiven Blockgletschern lässt auf die Existenz von Permafrost schließen (vgl. VDF 1998).

Blockgletscher sind inaktiv, wenn die Bewegung auf ein Minimum sinkt oder ganz zum Erliegen kommt. Die Verringerung der Kriechgeschwindigkeit resultiert aus dem Schmelzen des im Blockgletscher enthaltenen Eises. Einhergehend mit dem Bewegungsstillstand kommt es zu einer beginnenden Vegetationsüberdeckung. Inaktive Blockgletscher belegen, dass die Bedingungen für Permafrost nicht mehr hinreichend gegeben sind (vgl. VDF 1998; NYENHUIS 2005, S. 37 f.).

Fossile Blockgletscher (siehe Abbildung 11) enthalten kein Eis mehr und sind nahezu völlig mit Vegetation bedeckt. Sie gelten als „Zeugen vergangener Klimabedingungen", denn wo sich fossile Blockgletscher befinden, müssen einst die Bedingungen für Permafrost vorhanden gewesen sein. Fossile Blockgletscher markieren also die Untergrenze der historischen Permafrostverbreitung (vgl. NYENHUIS 2005, S. 38).

Abb.11: Fossiler Blockgletscher
Quelle: www.climate-change.ch

5 Degradation

5.1 Ursachen

Die klimatischen Bedingungen in den Alpen haben sich seit dem Ende der Kleinen Eiszeit um 1850 bis zum heutigen Zeitpunkt stark verändert. Besonders gut lässt sich dieser Prozess an den Gletschern nachvollziehen. Sie gelten demzufolge auch als „Fieberthermometer der Erde" (HAEBERLI 1999, S. 1).
Abbildung 12 und 13 veranschaulichen die immer noch ablaufende Klimaänderung.

Abb.12: Palügletscher im Jahr 1900
Quelle: ZÄNGL u. HAMBERGER 2004, S. 136

Abb.13: Palügletscher im Jahr 2000
Quelle: ZÄNGL u. HAMBERGER 2004, S. 136

Dargestellt ist der Palügletscher in der Berninagruppe der Engadiner Alpen auf zwei Photographien aus dem Jahr 1900 und dem Jahr 2000. Die Gletscherzunge ist in den 100 Jahren, die zwischen beiden Aufnahmen liegen, deutlich erkennbar abgeschmolzen. Offensichtlich ist eine Veränderung der Temperaturbedingungen eingetreten.

Der Klimawandel[6] führt zu einer Erhöhung der Temperatur und des Niederschlages in den Alpen. Allein der Rekordsommer des Jahres 2003 führte zu einem Rückgang des alpinen Gletschereises um 5 – 10 % (ZÄNGL und HAMBERGER 2004, S. 7).

Weltweit stieg die mittlere Jahrestemperatur in den letzten 100 Jahren um 0,6 °C. Im Alpenraum war die Erhöhung der Temperatur im gleichen Zeitraum sogar doppelt so hoch (vgl. WANNER 2000, S. 159; LATIF 2004, S. 222). Je nach Szenario wird ein Anstieg der Temperatur bis zum Jahr 2100 um weitere 1,4 – 5,6 °C prognostiziert (MAISCH 2004, S. 210 f.).

Diese Erwärmung bleibt in den Alpen langfristig nicht ohne Folgen. Einhergehend mit dem Gletscherrückgang, kommt es auch zu einem Schmelzen des Permafrostes (vgl. HAEBERLI et al. 1997, S. 407 ff.). Als Hauptursache für die Degradation von Permafrost lässt sich also der Temperaturanstieg im Rahmen der globalen Klimaveränderung identifizieren, der auch die regionalen Temperaturbedingungen im Alpenraum verändert.

5.2 Auswirkungen

Die Auswirkungen der Erwärmung auf den Permafrostkörper sind komplex. Die Reaktion auf die sich ändernden Temperaturbedingungen erfolgt mit einer gewissen zeitlichen Verzögerung. Abbildung 14 zeigt die Entwicklung des Temperaturprofils in

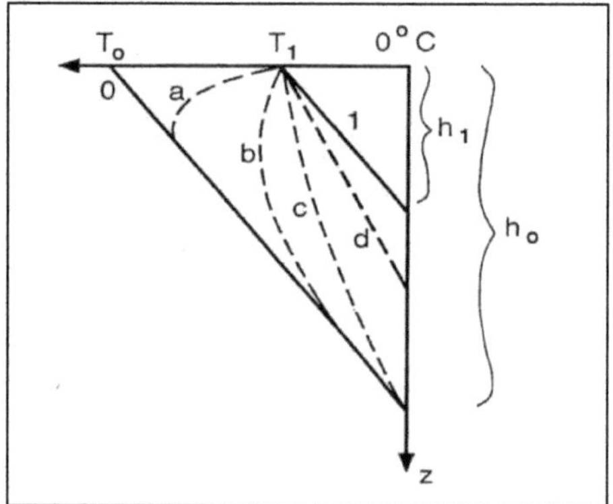

Abb.14: Temperaturprofil im Permafrost
Quelle: HAEBERLI 1999b, S. 15

---

[6] Eine umfangreiche Betrachtung des Klimawandels im Alpenraum leisten WANNER et al. 2000.

einem Permafrostkörper (0 → a → b → c → d → 1) als Folge eines Temperatur-anstiegs an der Oberfläche von T_0 zu T_1, wobei (h_0) die ursprüngliche und (h_1) die neue Mächtigkeit des Permafrostes bezeichnen (HAEBERLI 1999b, S. 15).

Die Veränderung der Temperatur von T_0 zu T_1 führt kurzfristig zu einer Vergrößerung der Auftauschicht im Sommer. Dies passiert innerhalb eines bzw. weniger Jahre. Das Temperaturprofil in der Tiefe ändert sich mittelfristig in Zeiträumen von Jahrzehnten und Jahrhunderten und bildet die Voraussetzung für eine veränderte Mächtigkeit des Permafrostkörpers. Langfristig erfolgt nach Jahrtausenden eine Anpassung der Perma-frostbasis an die eingetretenen Temperaturbedingungen (vgl. ebd., S. 15 f.).

Permafrostdegradation kennzeichnet neben einer Verringerung der Mächtigkeit von Permafrostböden bei ausreichender Erwärmung auch das gänzliche Ausschmelzen des Eises aus dem Boden. Dies lässt sich im Gelände gut und zuverlässig durch die Verbreitung von Blockgletschern in unterschiedlichen Aktivitätszuständen nach-vollziehen. In Abbildung 15 ist jeweils die Untergrenze von fossilen Blockgletschern und aktiven / inaktiven Blockgletschern an einem Berghang in den Walliser Alpen dargestellt. Auf der nordexponierten Hangseite wird deutlich, dass die Untergrenze der

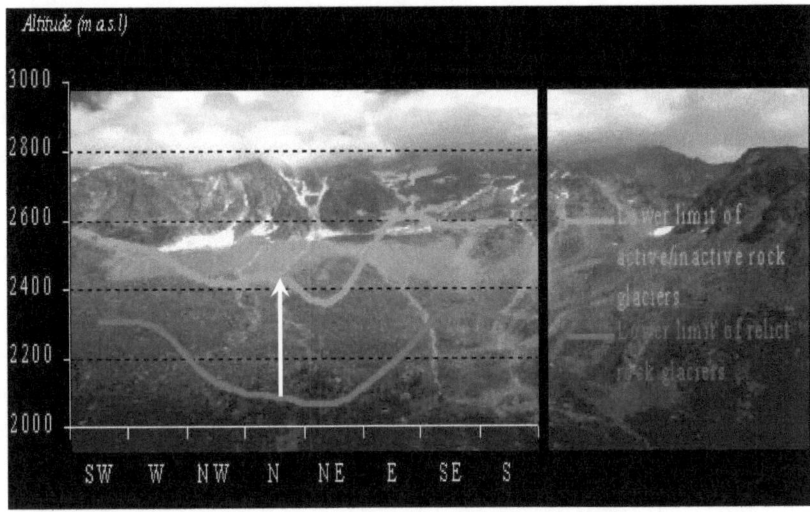

Abb.15: Verschiebung der Permafrostgrenze (Entremont, Walliser Alpen)
Quelle: www.climate-change.ch

Verbreitung von fossilen Blockgletschern, die einstmals Permafrost enthalten haben müssen, auf einer Höhe von ca. 2.100 m liegt. Die Untergrenze der Verbreitung von aktiven und inaktiven Blockgletschern, die heutzutage noch Permafrost enthalten, liegt auf ca. 2.450 m. Demnach hat also eine Höhenverlagerung der Bedingungen für die Existenz von Permafrost stattgefunden, und zwar um 350 Höhenmeter. Ähnliches lässt sich für die anderen Hangexpositionen feststellen, wobei die Höhenänderung der Permafrostverbreitung im Durchschnitt etwa 300 m beträgt.

Die Zone, die vom schmelzenden Permafrost betroffen ist und sich auf Höhe der Untergrenze inaktiver Blockgletscher befindet, unterliegt einer erhöhten geomorphologischen Aktivität. Lockermaterial und geklüftetes Felsgestein, das bisher durch das Eis des Permafrostes stabilisiert wurde, steht nun für Massenbewegungen wie Steinschlag, Felssturz oder Bergsturz und Murgänge zur Verfügung (siehe Kapitel 6).

Um Permafrostdegradation registrieren und Gebiete mit erhöhtem Risikopotential identifizieren zu können, werden verschiedene Messmethoden angewendet.

5.3 Messmethoden

5.3.1 Extensometer (mechanisch)

Permafrost stabilisiert neben Lockermaterial auch geklüftetes Gestein in Form von Klufteis (siehe Abbildung 16). Taut das Eis in Folge veränderter Temperaturbedingungen aus, werden Felsflanken instabil oder einzelne Blöcke für Massenbewegungen freigegeben. Betroffene Gebiete können per Extensometer (siehe Abbildung

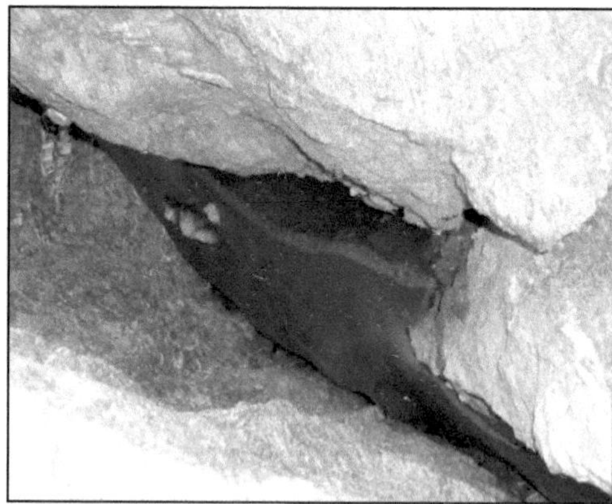

Abb.16: Klufteis
Quelle: KRAUTBLATTER 2005

Abb.17: Extensometer
Quelle: KRAUTBLATTER 2005

17) überwacht werden. Dabei werden Distanzänderungen zwischen zwei festgelegten Punkten auf zwanzigstel Millimeter genau registriert. Ob eine fortschreitende Längenänderung beispielsweise zwischen zwei Felsvorsprüngen stattfindet, kann über eine Zeitreihe protokolliert werden. Damit lässt sich abschätzen, ob und inwieweit bestimmte Regionen von Permafrostdegradation betroffen sind und wie hoch das Ausmaß eines Absturzes sein könnte (mündliche Mitteilung von KRAUTBLATTER).

5.3.2 Bohrloch (thermisch)

Die Messung der Temperatur des Permafrostes kann durch Bohrlochmessungen zum Beispiel an Blockgletschern erfolgen (siehe Abbildung 18). Das Permafrostmonitoring der Schweiz (PERMOS) hat es sich zur Aufgabe gemacht, Messreihen zu erstellen, um die Entwicklung der Permafrosttemperaturen zu überwachen.

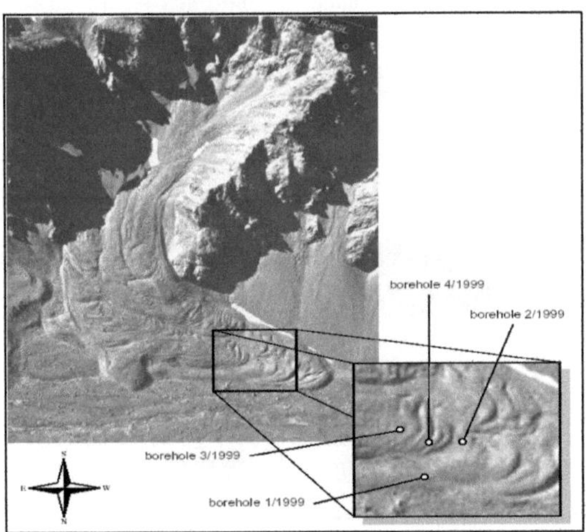

Abb.18: Bohrlochmessung am Muragl, Oberengadin
Quelle: ARENSON 2003, S. 71

Die längste Messreihe, beginnend im Jahr 1987, liegt vom Blockgletscher Murtèl-Corvatsch vor. Die direkte Messung der Temperaturen im Permafrost ist also nicht einmal 20 Jahre alt und damit eine verhältnismäßig junge Untersuchungsmethode. Trotzdem lassen sich auf Grundlage der bisher gewonnen Daten Aussagen treffen. Einhergehend mit der Erhöhung der Lufttemperaturen, verursacht durch den Klimawandel, steigen auch die Temperaturen des Permafrostes. Die Messreihe der

Bohrlochtemperaturen am Blockgletscher Murtèl-Corvatsch bestätigt diesen Trend[7] (vgl. Vonder MÜHLL et al. 2001, S. 1). Durch Bohrlochmessungen lässt sich also die Degradation von Permafrost dokumentieren.

5.3.3 Geoelektrik (elektrisch)

Eine Messmethode der Geoelektrik nutzt den unterschiedlichen elektrischen Widerstand von Felsgestein, Wasser und Eis zur Messung der Permafrostverbreitung. Dies kann in Lockermaterial als auch in Festgestein erfolgen. Dabei werden an bestimmten Punkten eines Blockgletschers oder einer Felswand Elektroden platziert, durch die ein elektrischer Strom fließt. Die materialbedingten verschiedenen elektrischen Widerstände geben Aufschluss darüber, wo Permafrost vorhanden ist. Insbesondere in geklüftetem Felsgestein, das mit Permafrost durchsetzt ist, lassen sich auf diesem Wege gefährdete Bereiche identifizieren, die nach einem Ausschmelzen des Permafrostes zu Instabilitäten führen könnten und ein erhöhtes Risikopotenzial darstellen (vgl. VONDER MÜHLL et al. 2001, S. 27 ff.; mündliche Mitteilung KRAUTBLATTER).

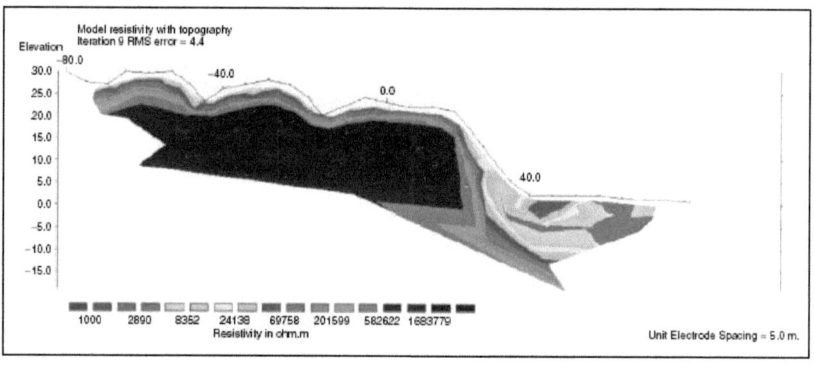

Abb.19: 2D-Widerstandstomographie des Blockgletschers Murtèl-Corvatsch
Quelle: VONDER MÜHLL et al. 2001, S. 35

Ergebnis einer Widerstandstomographie am Blockgletscher Murtèl-Corvatsch ist eine zweidimensionale Darstellung (siehe Abbildung 19), welche das Ausmaß des Permafrostkörpers im Lockermaterial erkennen lässt. Die elektrischen Widerstände der verschiedenen Materialien werden durch unterschiedliche Farben dargestellt. Das Eis

---

[7] Weitere Untersuchungen der Permafrosttemperatur durch Bohrlochmessungen finden sich bei ARENSON et al. 2002; GRUBER et al. 2004 und LUETSCHG 2004.

des Permafrostes besitzt hier einen elektrischen Widerstand von mehr als 500 kΩ pro Meter und ist blau eingefärbt. Das kein Eis enthaltende Lockermaterial hat einen geringeren elektrischen Widerstand von ca. 5 kΩ pro Meter und ist in der Farbe Rot und deren Abstufungen dargestellt. Die anderen Farben stellen Material dar, das nur teilweise mit Eis durchsetzt ist. Damit hebt sich der eisreiche Permafrostkörper deutlich vom eisfreien Material ab, das dem Blockgletscher vorgelagert ist (vgl. VONDER MÜHLL et al. 2001, S. 30 f.).

Diese geoelektrische Messmethode[8] gibt detailliert Auskunft über die Verbreitung und das Auftreten von Permafrost (vgl. KNEISEL 2004, S. 221 ff.). Veränderungen bzw. die Degradation des Permafrostkörpers sind somit darstellbar.

---

[8] Für weitere Untersuchungen mit 2D-Widerstandstomographie siehe: KNEISEL u. HAUCK 2003 und KNEISEL 2005.

6 Folgen

„Die bröckelnden Alpenriesen [...] sind zum Schauplatz, ja zum frontalen Kampf- und Erlebnisgebiet des Klimawandels erklärt worden" (MAISCH 2004, S. 204). Das Schmelzen des Permafrostes hat unübersehbare Folgen für den Menschen und seinen Siedlungsraum. So kommt es durch die schwindende „Armierungsfunktion" des Eises in verstärktem Maße zu Massenbewegungen im Hochgebirge (REVAZ 2004, S. 229 f.).
Dies mag auf den ersten Blick nicht weiter tragisch sein, denn das daraus resultierende Schadenspotenzial betrifft nicht unbedingt Hunderttausende Menschen wie beispielsweise bei einem Vulkanausbruch, einem Erdbeben oder einem Hurrikan.
Dennoch sind die Alpen ein dicht besiedeltes und touristisch hervorragend erschlossenes Hochgebirge. In den Alpenländern, besonders in der Schweiz, gibt es zahlreiche Schnittstellen, an denen die Folgen der Permafrostdegradation ein Risiko- und Schadenspotenzial für Mensch und Infrastruktur in sich tragen, das durchaus problematisch ist. Dies hat sich in den letzten Jahren spürbar verstärkt und wird sich mit zunehmender Klimaerwärmung auch fortsetzen.

6.1 Massenbewegungen

6.1.1 Steinschlag

Durch Permafrostdegradation nimmt die Steinschlaggefahr zu. Schmelzender Permafrost verwandelt bisher sichere Wanderstrecken und Bergrouten in „lebensgefährliche Stein- und Geröllpisten" (FUNK 2003, S. 19).
Nach zahlreichen Todesfällen durch Steinschläge wurden im Rekordsommer 2003 viel begangene Aufstiegsrouten zum Gipfel oder zu Hütten am Mt. Blanc gesperrt. Die französischen Behörden unternahmen eine „Präventionskampagne" gegen leichtsinnige Bergsteiger, um vor dem erhöhten Risiko zu warnen. Trotzdem ließen sich weitere Todesopfer nicht verhindern (vgl. ebd., S. 19 f.).

6.1.2 Felssturz

Der außergewöhnlich warme Sommer des Jahres 2003 führte sehr deutlich vor Augen, welche Gefahren für den Menschen und welche Beeinträchtigungen des wichtigen

Wirtschaftsfaktors Tourismus aus der zunehmenden Degradation des Permafrostes resultieren.

Nachdem die Nullgradgrenze in den Alpen wochenlang weit über 4.000 m lag, kam es zu einer Reihe einschneidender Felsstürze, die neben der Gefährdung von Menschenleben auch massiv den Alpinismus einschränkten (vgl. FUNK 2003, S. 18).

Am Mt. Blanc mussten verschiedene Seilschaften per Helikopter evakuiert werden, nachdem mehrere Felsstürze den Abstieg unmöglich gemacht hatten (vgl. ebd., S. 19). Auch am Matterhorn kam es zu ähnlichen Ereignissen. Am 15. Juli 2003 versperrte ein Felssturz mit einem Volumen von über 1.000 m³ den Hörnligrat, eine beliebte Aufstiegsroute. Der Abstieg war für bereits aufgestiegene Kletterer damit unmöglich geworden. Mehr als 50 Alpinisten mussten per Helikopter gerettet werden (vgl. SCHEUERMANN 2005, S. 62).

6.1.3 Bergsturz

Permafrostdegradation kann auch Ursache von Bergstürzen sein, die im Vergleich zu Steinschlägen ein erhebliches Schadenspotenzial besitzen (siehe Abbildung 20).

Abb.20: Bergsturz bei Bormio, Veltlin
Quelle: REVAZ 2004, S. 234

Abbildung 20 zeigt einen Bergsturz in den Italienischen Alpen aus dem Jahr 1987. Es wird vermutet, dass hierfür die Degradation von Permafrost verantwortlich ist (vgl. REVAZ 2004, S. 234).

Auch in der Schweiz fanden alle größeren Bergstürze innerhalb der letzten Dekade in Permafrostgebieten statt (vgl. REVAZ 2004, S. 230).

6.1.4 Mure

Durch Permafrostdegradation werden an Berghängen erhebliche Mengen Lockermaterial bereitgestellt, die vorher durch das Eis stabilisiert waren. Dieses Material steht nun für Massenbewegungen zur Verfügung. Ist der Permafrostkörper in der Tiefe noch vorhanden, kann es in Verbindung mit starken oder lang anhaltenden Niederschlägen zu Hangrutschungen oder Muren[9], gespeist durch das auf der Permafrosttafel aufliegende Lockermaterial, kommen.

Bereits im Sommer des Jahres 1987 kam es im Alpenraum zu einer auffällig erhöhten Murgangaktivität (vgl. ZIMMERMANN u. HAEBERLI 1992, S. 59 ff.). Auf Abbildung 21 ist die Anrisszone eines Murgangs zu erkennen. Oberhalb befindet sich noch eisreicher

Abb.21: Anrisszone eines Murgangs

Quelle: www.climate-change.ch

---

[9] Eine sehr anschauliche Animation zur Entwicklung und zum Ablauf einer Mure in Folge von Permafrostdegradation wird von der Eidgenössischen Technischen Hochschule Zürich (ETHZ) unter folgendem Link zur Verfügung gestellt: http://fm.proclim.ch/im/factSheets/ rPermafrost/Klimawandel/Murgang_Bilder_Animationen/InstabilitaetSimulation.html.

Permafrost. Darunter ist das Eis des Permafrostes weitgehend ausgeschmolzen bzw. hat die Auftauschicht eine solche Tiefe erreicht, dass das Material nach ausreichend Niederschlag hangabwärts gerutscht ist.

Muren stellen eine Gefährdung für Menschenleben und Einrichtungen der Infrastruktur dar. Da sie ein großes Zerstörungspotenzial besitzen, wurden verschiedene Schutzkonzepte entwickelt (siehe Kapitel 7).

6.2   Infrastruktur

6.2.1   Gipfelbauten

In den Alpen gibt es zahlreiche Gipfelbauten, die durch Permafrostdegradation in ihrer Stabilität bedroht sind. Am Beispiel des Zittelhauses (siehe Abbildung 22) lässt sich sehr gut nachvollziehen, wie akut die Gefährdung ist.

Abb.22: Wetterstation Zittelhaus, Hohe Tauern (3.105 m)
Quelle: Handreichung Prof. Dr. M. REICHSTEIN (emer.)

Das Zittelhaus ist die höchste Wetterstation Europas und befindet sich in den Hohen Tauern auf dem Rauriser Sonnblick in 3.105 m Höhe. Das Gebäude wurde 1886 auf dem Gipfel errichtet, der damals vollständig durch Permafrost stabilisiert wurde. In Folge der sich ändernden Temperaturverhältnisse schmolz der Permafrost aus bzw. senkte sich die Permafrosttafel ab und das auf der Oberfläche aufliegende Schuttmaterial wurde instabil. Aus der steilen Nordflanke bricht zusätzlich immer wieder Material herunter, so dass die Tragfähigkeit des Fundamentes zunehmend gefährdet ist (vgl. POLLACK 2005, S. 60 f.).

Der Prozess des Stabilitätsverlustes in der Gipfellage wird sich nicht aufhalten lassen können, auch wenn einige Anstrengungen unternommen wurden, um die Wetterstation zu sichern. So sollen Ankerbalken und Betoninjektionen den weitern Verfallsprozess verzögern. Diese Maßnahmen sind jedoch aufwändig und sehr kostspielig (vgl. SCHEUERMANN 2005, S. 63).

Seilbahnen spielen im Hochgebirge eine wichtige Rolle zur Überbrückung von Höhenunterschieden. Während der Saison sind Tausende von Bergwanderern und Skifahrern auf sie angewiesen. Abbildung 23 zeigt die Seilbahnstation Corvatsch im Oberengadin.

Abb.23: Seilbahnstation Corvatsch, Oberengadin
Quelle: KRAUTBLATTER 2005

Die Seilbahnmasten sind im Boden verankert, der durch das Eis des Permafrostes ursprünglich einen festen Untergrund bildete. Mit fortschreitender Degradation des Permafrostbodens und zunehmender Tiefe der Auftauschicht, werden die Seilbahnmasten, die großen Zugkräften standhalten müssen, instabil. In der Bildmitte ist sogar frisches Steinschlagmaterial in der Hangfußlage zu sehen. Ein Neubau der Masten an anderer Stelle ist aufgrund ähnlicher Bedingungen keine Lösung (mündliche Mitteilung KRAUTBLATTER).

Die Deutschen Alpen nehmen nur ca. 2,2 % der Fläche der Alpen ein (vgl. FISCHER 2002, S. 640). Obwohl dieser Anteil verschwindend gering ist, gibt es auch dort Probleme durch Permafrostdegradation. Durch das Ausschmelzen von massivem Eis im Untergrund, kam es auf der Zugspitze zu einer deutlichen Absenkung des Gleiskörpers der Zahnradbahn (GUDE u. BARSCH o. J).

Weiterhin haben Hütten eine große Bedeutung für Alpinisten, die sich auf dem Auf- bzw. Abstieg befinden. Hier führt schmelzender Permafrost im Untergrund zu einer Destabilisierung des Fundamentes und der Versorgungsleitungen (siehe Abbildung 24). Von diesem Problem ist beispielsweise auch die Erzherzog-Johann-Hütte, welche die wichtigste Schutzhütte am Großglockner ist, betroffen (vgl. ZÄNGL und HAMBERGER 2004, S. 43).

Abb.24: Sackung durch Permafrostdegradation
Quelle: www.climate-change.ch

6.2.2 Lawinenverbauungen

Schneelawinen stellen im Hochgebirge eine ganz eigene Form der Naturgefahr dar. Auch in den Alpen ist die Bedrohung durch Lawinen ein nicht zu unterschätzendes Risiko. Deshalb gibt es zahlreiche Gegenmaßnahmen, wie zum Beispiel Lawinenschutzzäune, welche die Entstehung von Lawinen verhindern bzw. deren Schadens-ausmaß reduzieren sollen. Sind Lawinenverbauungen jedoch auf Berghängen in Material verankert, das durch Permafrost stabilisiert wird, kann es bei fortschreitender Permafrostdegradation und nachfolgender Hangrutschung zu Beschädigung bzw. Deformation der Schutzzäune kommen (siehe Abbildung 25), was die Wirksamkeit beeinträchtigt. Eine Nachbesserung der Verankerungstiefe der Schutzzäune ist teuer und sehr aufwändig (PHILLIPS 2004).

Abb.25: Deformierter Lawinenschutzzaun
Quelle: www.slf.ch

7 Gegenmaßnahmen

7.1 Pontresina

Die Gemeinde Pontresina am Fuße des Schafbergs im Oberengadin gilt bezüglich der Prävention vor Folgen der Permafrostdegradation als „Pilotregion" (ROOS 2004, S. 61). Die Siedlung liegt sehr nah am Berghang (siehe Abbildung 26) und wäre im Falle eines

Abb.26: Gemeinde Pontresina, Oberengadin
Quelle: Roos 2004, S. 61

Murganges in ihrer Existenz bedroht. Dies wurde umso deutlicher, als am Schafberg auf 2.700 m Höhe durch Bohrungen festgestellt wurde, dass die Mächtigkeit des Permafrostes zwischen 40 und 70 Metern liegt und die Temperatur Werte zwischen -1,6 und -0,6 °C aufweist. Die Temperatur liegt also kurz unter dem Schmelzpunkt des Eises und damit im kritischen Bereich. Eine weitere Erwärmung des Permafrostes könnte die Stabilität der Hänge gefährden und das nun nicht mehr vom Eis fixierte Schuttmaterial würde für Murgänge zur Verfügung stehen. Um diesem wahrscheinlichen Ereignis vorzubeugen, wurden im Jahr 2003 spezielle Schutzdämme errichtet (siehe Abbildungen 27 und 28). Die Dämme sind jeweils 230 m lang, 13,5 m

Abb.27: Modell der Schutzmaßnahme
Quelle: KELLER et al. 2002, S. 15

Abb.28: Schutzdämme
Quelle: ZÄNGL u. HAMBERGER 2004, S. 230

hoch und das angrenzende Becken kann über 100.000 m³ Schuttmaterial auffangen. Kleinere Vordämme sollen die Energie des Murganges abschwächen. Für eine schnelle Räumung des aufgefangenen Materials wurden spezielle Zufahrtsgassen für Baumaschinen angelegt. Die gesamte Baumaßnahme kostete 7 Millionen Schweizer Franken (vgl. KELLER et al. 2002, S. 13 ff.).

7.2 Erzherzog-Johann-Hütte

Die Erzherzog-Johann-Hütte (siehe Abbildung 29) befindet sich auf 3.454 m Höhe, ist die höchstegelegenste Hütte der Ostalpen und die wichtigste Schutzhütte am Großglockner. Durch Permafrostdegradation ist sie in ihrer Bausicherheit gefährdet.

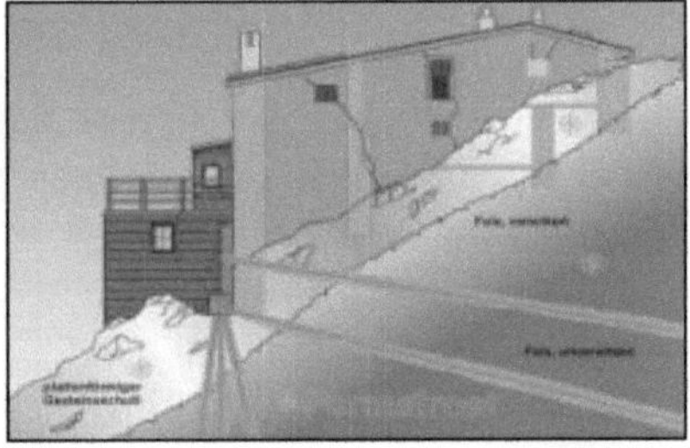

Abb.29: Erzherzog-Johann-Hütte (3.454 m)
Quelle: www.dywidag-systems.at

Abb.30: Schäden durch Permafrostdegradation
Quelle: www.dywidag-systems.at

Wie auf Abbildung 30 zu erkennen ist, befindet sich die Verankerung des oberen Teils der Hütte in festem Felsgestein und ist dadurch stabil. Der untere Teil der Hütte wurde lediglich auf den durch Permafrost stabilisierten Schutt gebaut. Durch Schmelzen des Permafrostes kommt es am unteren Teil der Hütte zu Setzungserscheinungen. Weiterhin folgt der sich erwärmende Permafrost einer hangabwärts gerichteten Bewegung. Dies führt im Gemäuer der Hütte, aufgrund der Verankerung in Material mit unterschiedlicher Stabilität, zu großen Spannungskräften und Rissbildungen. Die Hütte droht bei fortdauernder Setzung bzw. Bewegung des unteren Gebäudeteils zu zerreißen. Als Gegenmaßnahme wird von einer Baufirma ein konkretes Schutzkonzept angeboten. Stahlbetonanker sollen den unteren Gebäudeteil im festen Felsgestein verankern und Betoninjektionen sollen das Porenvolumen ausfüllen, um weitere Setzungserscheinungen zu verhindern (vgl. DYWIDAG-Systems International 2005).

8 Schlussbemerkung

Permafrostdegradation führt zu einer eigenen Dynamik geomorphologischer Prozesse im Hochgebirge und zu einer Erhöhung des Risikopotenzials von Naturgefahren. Durch die fortschreitende Erwärmung schmilzt neben den Gletschern auch das Eis der Permafrostgebiete in den Alpen. Dies ist deshalb problematisch, weil Berghänge mit aufliegendem Schuttmaterial und geklüftetes Felsgestein bisher durch das Eis stabilisiert und regelrecht plombiert waren. Die nun fehlende Stabilität führt zu Hangrutschungen, einer erhöhten Murganggefahr und Massenbewegungen wie Steinschlag, Felssturz und Bergsturz.

Bei den Alpen handelt es sich um eine vergleichsweise dicht besiedelte Hochgebirgsregion mit weit ausgebauter Infrastruktur und ausgeprägtem alpinen Tourismus. Der Betroffenheitsgrad von den Folgen der Permafrostdegradation für Menschen und Infrastruktur ist demnach sehr hoch. Es gilt also nun, die gefährdeten Gebiete zu identifizieren und zu überwachen. In der Schweiz ist mit dem ständigen Permafrostmonitoring (PERMOS) ein Schritt in die richtige Richtung getan worden.

Schutzkonzepte wie die Beispiele „Pontresina" und „Erzherzog-Johann-Hütte" besitzen lediglich eine lokale Wirkung und setzen auf „Schadensbegrenzung". Sie reagieren nur auf die Folgen der Permafrostdegradation. Die Ursachen der Permafrostdegradation zu bekämpfen hieße jedoch, die Ursachen der globalen Erwärmung zu bekämpfen. Dies scheint unmöglich zu sein, wenn nicht einmal die Realisierung eines Klimaschutzprotokolls gelingt, weil sich einzelne Staaten verweigern, die noch dazu als Hauptverursacher von CO_2-Emissionen bekannt sind.

Die Verringerung des CO_2-Ausstoßes ließe sich durch saubere Industrieanlagen beeinflussen. Allerdings befinden sich China und Indien, wo ca. ein Drittel der Weltbevölkerung lebt, mitten in einem Industrialisierungs-Boom. Die Belastung des globalen Klimas, inklusive aller negativen Rückkopplungseffekte, wird in den nächsten Jahren und Jahrzehnten also eher zunehmen.

Neben den anthropogenen Einflüssen auf das Klima sind Permafrostdegradation und Gletscherschmelze letztlich auch die Folgen eines vom Menschen nicht beeinflussbaren natürlichen klimatischen Prozesses, wie er beim Übergang von einer Kaltzeit in eine Warmzeit stattfindet. Über den Tellerrand hinausblickend handelt es sich dabei um ein globales Phänomen, denn die globale Erwärmung fördert die Degradation von alpinem und polarem Permafrost. Die Permafrostdegradation in den Alpen stellt somit zwar ein lokales, jedoch kein singuläres Problem dar.

9 Literaturverzeichnis

AHNERT, F. (2003): Einführung in die Geomorphologie. Stuttgart.

ARENSON, L. U. ; HOELZLE, M. u. S. SPRINGMAN (2002): Borehole deformation measurements and internal structure of some rock glaciers in Switzerland. In: Permafrost and Periglacial Processes 13. S. 117 – 135.

ARENSON, L. U. (2003) : Unstable Alpine Permafrost. A potentially important natural hazard – Variations of geotechnical behaviour with time and temperature. Diss. Zürich.

DONGUS, H. (2003): Das Relief der Alpen. Marburg.

French, H. M. (1996): The Periglacial Environment. Harlow.

FUNK, G. (2003): Ein heißer Sommer. In: DAV Panorama, 6/2003. S. 18 – 21.

FISCHER, K. (2002): Deutschlands Alpenanteil. In: LIEDTKE, H. u. J. MARCINEK (Hrsg.): Physische Geographie Deutschlands. Gotha. S. 639 – 677.

GRUBER, S. et al. (2004): Interpretation of geothermal profiles perturbed by topography: The alpine Permafrost boreholes at Stockhorn Plateau, Switzerland. In: Permafrost and Periglacial Processes 15. S. 349 – 357.

GRUBER, S. (2005): Mountain Permafrost. Transient Spatial Modelling. Model Verification and the Use of Remote Sensing. Diss. Bonn.

HAEBERLI, W., M. HOELZLE et al. (1996): Simulation der Permafrostverbreitung in den Alpen mit geografischen Informationssystemen. Zürich.

HAEBERLI, W., WEGMANN, M. u. D. VON DER MÜHLL (1997): Slope stability problems related to glacier shrinkage and permafrost degradation in the Alps. In: Eclogae. geol. Helv. 90. Basel. S. 407-414.

HAEBERLI, W. et al. (1999a): Eisschwund und Naturkatastrophen im Hochgebirge. Projektschlussbericht im Rahmen des nationalen Forschungsprogrammes „Klimaänderungen und Naturkatastrophen", NFP 31 Schlussbericht. Zürich.

HAEBERLI, W. (1999b): Hangstabilitätsprobleme im Zusammenhang mit Gletscherschwund und Permafrostdegradation im Hochgebirge. In: FISCHER, K. (Hrsg.): Massenbewegungen und Massentransporte in den Alpen als Gefahrenpotential. Berlin. S. 11-30.

KÄÄB, A. u. T. REICHMUTH (2005): Advance Mechanisms of Rock Glaciers. In: Permafrost and Periglacial Processes 16. S. 187-193.

KELLER, F., HAEBERLI, W., RICKENMANN, D. u. H. RIGENDINGER (2002): Dämme gegen Naturgefahren. Bau von Schutzdämmen gegen Rüfen und Lawinen in Pontresina. In: tec21, 17/2002. S. 13 – 17.

KNEISEL, Chr., HAUCK, Chr. u. D. VONDER MÜHLL (2000): Permafrost below the timberline confirmed and characterized by geoelectrical resistivity measurements, Bever Valley, Eastern Swiss Alps. In: Permafrost and Periglacial Processes 11. S. 295 – 304.

KNEISEL, Chr. u. Chr. HAUCK (2003): Multi-method geophysical investigations of a sporadic permafrost occurrence. In: Z. Geomorph. N. F., Suppl.-Vol. 132. S. 145-159.

KNEISEL, Chr. (2004): New insights into Mountain Permafrost occurence and characteristics in glacier forefields at high altitude through the application of 2D resistivity imaging. In: Permafrost and Periglacial Processes 15. S. 221 – 227.

KNEISEL, Chr. (2005): Detecting mountain permafrost and hazard assessment for debris flows through the application of electrical resistivity tomography – an example from the Swiss Alps. In: Z. Geomorph. N. F., Suppl. Vol. 138. S. 1-10.

KRAUTBLATTER, M. (2005): Steintälli. (unveröff.)

LATIF, M. (2004): Der globale Klimawandel. In: ZÄNGL, W. u. S. HAMBERGER: Gletscher im Treibhaus. Eine fotografische Zeitreise in die alpine Eiswelt. Steinfurt. S. 220 – 225.

LESER, H. (Hrsg.) (2001): Wörterbuch Allgemeine Geographie. München.

Lexikon der Geowissenschaften (2001), Bd. 4. Heidelberg

LUETSCHG, M. et al. (2004): Temperatures in two boreholes at Flüela Pass; Eastern Swiss Alps: The effect of snow redistribution on Permafrost distribution patterns in high mountain areas. In: Permafrost and Periglacial Processes 15. S. 283 – 297.

MAISCH, M. et al. (2000): Gletscher der Schweizer Alpen. Gletscherhochstand 1850 – Aktuelle Vergletscherung – Gletscherschwundszenarien. Zürich.

MAISCH, M. (2004): Gletscher im Brennpunkt des Klimawandels. In: ZÄNGL, W. u. S. HAMBERGER: Gletscher im Treibhaus. Eine fotografische Zeitreise in die alpine Eiswelt. Steinfurt. S. 204 – 214.

NYENHUIS, M. (2005): Permafrost und Sedimenthaushalt in einem alpinen Geosystem. Diss. Bonn.

POLLACK, R. (2005): Der Rauriser Sonnblick. In: JDAVspezial, 1/2005. S. 60 – 61.

REVAZ, M. (2004): Das Damokles-Schwert: Tauwetter im Alpenraum. In: ZÄNGL, W. u. S. HAMBERGER: Gletscher im Treibhaus. Eine fotografische Zeitreise in die alpine Eiswelt. Steinfurt. S. 228 – 234.

ROOS, M. (2004): Eisriesen mit Schwindsucht. In: DAV Panorama, 2/2004. S. 56 – 61.

SCHEUERMANN, M. (2005): Kälteschwund im Untergrund. In: JDAVspezial, 1/2005. S. 62 – 63.

VDF (1998): Glaziologische Karte Julier-Bernina (Oberengadin). Synthesekarte NFP 31. Maßstab 1:60.000. Zürich.

VONDER MÜHLL, D. et al. (2001): New geophysical methods of investigating the nature and distribution of mountain Permafrost with special reference to radiometry techniques. In: Permafrost and Periglacial Processes 12. S. 27 – 38.

WANNER, H. et al. (2000): Klimawandel im Schweizer Alpenraum. Zürich.

WANNER, H. (2000): Konsequenzen für Temperatur und Niederschlag. In: WANNER, H. et al.: Klimawandel im Schweizer Alpenraum. Zürich. S. 151 – 160.

ZÄNGL, W. u. S. HAMBERGER (2004): Gletscher im Treibhaus – Menschen im Treibhaus. In: ZÄNGL, W. u. S. HAMBERGER: Gletscher im Treibhaus. Eine fotografische Zeitreise in die alpine Eiswelt. Steinfurt. S. 7 – 9.

ZIMMERMANN, M. u. W. HAEBERLI (1992): Climatic Change and Debris Flow Activity in High-Mountain Areas – A Case Study in the Swiss Alps. In: Greenhouse-Impact on Cold-Climate Ecosystems and Landscapes. Catena Suppl. 22, S. 59 – 72.

Internetquellen

GUDE, M. u. D. BARSCH (o. J.): Permafrost im Zugspitzgebiet: aktuelle Verbreitung und geotechnische Bedeutung. URL: http://www.geogr.unijena.de/~c7guma/Projekte/zug/zug3.html [Abrufdatum: 03.11.2005].

DYWIDAG-Systems International (2005): Einsatz von DYWIDAG-Litzendauerankern im Permafrost – Großglockner in 3.454 m Höhe. URL: www.dywidag-systems.at/docs/pdf/DSI_Markets_grossglockner.pdf [Abrufdatum: 22.11.2005].

PHILLIPS, M. (2004): Lawinenverbauungen im Permafrost. URL: http://www.slf.ch/lebensraum-alpen/permafrost-de.html [Abrufdatum: 05.11.2005].

VONDER MÜHLL et al. (2001): Permafrost Monitoring Switzerland PERMOS. 1. Jahresbericht 1999 / 2000. URL: http://pages.unibas.ch/vr-forschung/PERMOS/PERMOS_JB_1999-2000.pdf [Abrufdatum: 14.11.2005].

Mündliche Quellen

Gespräch mit Michael Krautblatter am 16.11.2005 im Geographischen Institut der Universität Bonn.